VOYAGE
DU ROI
ET DE LA FAMILLE ROYALE

A

L'ARMÉE DU NORD.

JANVIER 1833.

IMPRIMERIE DE MADAME VEUVE AGASSE,
rue des Poitevins, n° 6.

VOYAGE

DU ROI

ET

DE LA FAMILLE ROYALE

A L'ARMÉE DU NORD.

Janvier 1833.

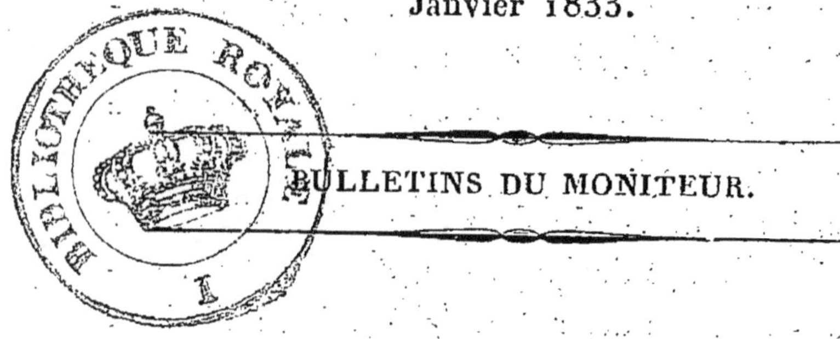

BULLETINS DU MONITEUR.

DÉPART DES TUILERIES. — ARRIVÉE A COMPIÈGNE.

Compiègne, le 5 janvier.

Aujourd'hui, à une heure, le Roi est parti du Palais des Tuileries avec LL. AA. RR. les ducs d'Orléans, de Nemours et le Prince de Joinville. Sa Majesté était accompagnée de MM. les généraux Atthalin, Bernard, Gourgaud, Heymès, Baudrand, de MM. les colonels d'Houdetot, Boyer, et de M. le commandant Gérard, aides-de-camp du Roi et des

Princes; de M. le baron Fain, secrétaire du cabinet, et de M. le docteur Marc.

La Reine, Madame Adélaïde, les Princesses Marie et Clémentine, et les jeunes Princes, partiront le 7 des Tuileries, pour se rendre directement à Lille, où Leurs Majestés le Roi et la Reine des Belges viendront les rejoindre, avant l'arrivée du Roi.

A la Villette, au Bourget, à Louvres, à La Chapelle-en-Surval, à Senlis, le Roi a trouvé la garde nationale sous les armes, et, malgré la rigueur de la saison, une nombreuse population, qui ont accueilli Sa Majesté par les cris mille fois répétés de *vive le Roi!* Les maisons étaient partout pavoisées de drapeaux tricolores.

Le Roi est descendu de voiture à Senlis, pour parcourir les rangs de la garde nationale et y recevoir les hommages des autorités civiles et militaires.

Sa Majesté est arrivée à six heures et demie à Compiègne; la ville était illuminée; une salve d'artillerie a annoncé son entrée au château de Compiègne.

M. Pottier, maire de la ville, a complimenté le Roi, à la descente de voiture. MM. les sous-préfets de Senlis et de Compiègne se sont trouvés à la limite de leurs arrondissemens respectifs pour recevoir Sa Majesté.

Les autorités de Compiègne ont eu l'honneur de dîner avec le Roi.

———————————

ARRIVÉE A SAINT-QUENTIN.

Saint-Quentin, le 6 janvier, dix heures du soir.

Le Roi est parti de Compiègne ce matin à huit heures. Le préfet de l'Oise et le sous-préfet de Compiègne ont accompagné Sa Majesté jusqu'aux limites du département.

Le Roi est arrivé à dix heures à Noyon. Sa Majesté a été reçue à l'entrée de la ville par M. le maire ; elle est descendue de voiture, ainsi que les Princes, et a traversé la ville à pied, au milieu d'une population qui se pressait sur ses pas, en l'accompagnant des plus vives acclamations.

Sa Majesté a été complimentée à l'hôtel-de-ville par le clergé ; la garde nationale a défilé devant elle sur la grand' place aux cris sans cesse répétés de *vive le Roi! vivent les Princes!*

M. le préfet de la Somme, retenu à Amiens par une grave indisposition, n'a pu se trouver aux limites de son département pour recevoir Sa Majesté, qui le traversait dans l'une de ses extrémités.

Le Roi a mis aussi pied à terre pour traverser la ville de Ham; une salve d'artillerie a annoncé sa présence. Sa Majesté s'est arrêtée sur la place d'armes pour voir défiler la garde nationale et les troupes de la garnison , qui ont fait éclater ainsi que les habitans un grand enthousiasme. Aux limites du département de l'Aisne, Sa Majesté a été reçue par M. le comte de Sainte-Suzanne, préfet, et par M. le général Galbois, commandant le département. La garde nationale et une population nombreuse, réunies sur ce point, ont fait entendre des cris long-tems prolongés de *vive le Roi! vive la Famille royale!*

Il était une heure et demie quand le Roi est arrivé au faubourg de Saint-Quentin. Sa Majesté est descendue de voiture pour monter à cheval, ainsi que les Princes.

Un arc de triomphe avait été élevé à l'entrée de la ville; on lisait sur le fronton cette inscription :

AU ROI.

Tu vas honorer le courage,
A l'ombre des drapeaux tant de fois triomphans.
La France de Juillet confond, dans son hommage,
Le Roi, la liberté, l'armée et tes enfans.

M. Loyson, sous-préfet de Saint-Quentin, a reçu Sa Majesté à la limite de son arrondissement, au milieu de nombreux détachemens de garde nationale. M. Nauroy-Gomart, maire de la ville, accompagné du corps municipal, a eu l'honneur de la complimenter.

Discours de M. le maire de Saint-Quentin.

« Sire,

» C'est le comble du bonheur, pour un ancien

grenadier du noyau de la vieille garde, d'avoir l'honneur de présenter à Votre Majesté les hommages respectueux de l'une des principales villes manufacturières de la France, et de ses fidèles et industrieux habitans.

» En voyant deux des fils chéris de Votre Majesté à la tête de la brave armée française, nous étions intimement persuadés que la victoire couronnerait cette brillante campagne; nous avons prouvé à l'Europe étonnée que nos invincibles soldats, électrisés par la brillante valeur de deux jeunes héros, savaient surmonter tous les obstacles, maîtriser les élémens, et renverser en peu de jours une des plus fortes citadelles de l'Europe, malgré la savante et opiniâtre défense d'un vieux guerrier formé à l'école du grand capitaine. Sire, Votre Majesté ayant conquis nos cœurs dans ce jour à jamais mémorable où elle a consenti à s'asseoir sur un trône hérissé d'épines, seul palladium de notre belle France contre les horreurs de l'anarchie, les atrocités des guerres civiles et une avilissante et ruineuse invasion; nos fortunes, nos bras, nos vies sont acquis à la patrie; disposez-en, Sire, pour assurer l'honneur et l'indépendance de la France. *Vive le Roi!* »

Le Roi a répondu :

« J'entends avec plaisir, M. le maire, ce langage digne d'un vieux guerrier comme vous. Les sentimens que vous venez de m'exprimer sont les miens. Je m'honore aussi d'être un vieux vétéran de notre brave armée, et je jouis de voir qu'en entrant dans ses rangs, mes deux fils aient répondu dignement à ce que la nation attendait d'eux. Elle les trouvera toujours fidèles à la patrie, toujours prêts à verser leur sang pour sa défense, et à s'associer partout aux travaux et aux dangers de cette glorieuse armée que je ne sépare jamais de notre brave garde nationale, de vous tous, mes chers camarades, qui m'entourez en ce moment ; car la garde nationale est aussi une des gloires de la France et le rempart inexpugnable de nos libertés, de nos institutions, et de ce trône constitutionnel que la nation m'a appelé à occuper pour les garantir de toute atteinte.

» Vous avez bien décrit les besoins de la France. Ce qu'elle veut, c'est la paix, mais une paix solide et honorable ; et c'est ce que j'ai la confiance que nous parviendrons à obtenir. Je crois que nous touchons au terme de nos efforts, et j'aime à penser que votre ville industrieuse va recouvrer la prospérité dont elle est si digne de jouir par son patriotisme et par l'excellent esprit dont votre généreuse population est animée. Je suis heureux de vous le témoigner et de me trouver au milieu de vous. »

Ici, les plus vives acclamations ont couvert la voix du Roi, et Sa Majesté est entrée dans Saint-Quentin au milieu des cris mille fois répétés de *vive le Roi ! vive le duc d'Orléans ! vive le duc de Nemours ! vive la Famille royale !*

Il serait difficile de rendre l'aspect que présentait

la ville de Saint-Quentin lors de l'entrée du Roi : toutes les maisons étaient pavoisées de drapeaux tricolores, toutes les fenêtres étaient garnies de dames, et la foule qui encombrait les rues était tellement grande, que la marche de Sa Majesté a été plusieurs fois arrêtée. Après avoir fait le tour de la place d'armes, sur laquelle la garde nationale était rangée en bataille, ainsi qu'un bataillon du 3e léger, Sa Majesté s'est placée avec les Princes en face de l'Hôtel-de-Ville. La garde nationale, qui était très-nombreuse, l'a saluée, en défilant, par de continuelles acclamations.

Le Roi est descendu chez M. Joly ; Sa Majesté y a reçu immédiatement les députations et les fonctionnaires qui ont été présentés dans l'ordre suivant :

Le tribunal de première instance,

Le tribunal de commerce,

Le conseil des prud'hommes,

Le tribunal de paix,

Le conseil municipal,

La chambre consultative de commerce,

Le clergé catholique,

Le président de l'église consistoriale,

La commission des hospices,

Le bureau de bienfaisance,

La société académique,

Le collège,

Les officiers de la garde nationale de l'arrondissement,

Les officiers de la garnison, présentés par M. le général Galbois,

La députation du conseil de préfecture de l'Aisne,

Les députations des corps municipaux et de la garde
nationale de Laon, Vervins, Guise, La Fère,
Chauny, Saint-Gobin, ainsi que les sous-préfets
de Château-Thierry, Soissons et Vervins.

Discours de M. le président du tribunal de
commerce.

« SIRE,

» Le tribunal de commerce s'empresse de venir
présenter à Votre Majesté l'assurance de sa fidélité et
de son profond respect.

» Depuis les mémorables journées de juillet, Sire,
notre population, toute manufacturière, a beaucoup
souffert; mais, confiante dans la sagesse de Votre
Majesté, elle a supporté ses maux avec courage et
résignation.

» La noble franchise de votre Gouvernement, sa
fermeté, doivent nous faire espérer la continuation
de la paix générale; elle nous aidera à rendre à notre
commerce toute la splendeur dont il jouissait il y a
quelques années.

» Nous sommes fiers, Sire, de pouvoir vous féliciter sur l'heureux dénouement d'une entreprise qui comble de gloire notre armée, ainsi que deux Princes qui, un jour, seront appelés à faire le bonheur de nos enfans ; ils n'ont pas craint les dangers, ils se sont montrés les dignes fils de celui qui a sacrifié sa vie, sa tranquillité et son bonheur personnel pour nous sauver de l'anarchie. La France, Sire, et les Saint-Quentinois en particulier, en conserveront une éternelle reconnaissance ; et dans les tems les plus reculés leur mot de ralliement sera le nom de Votre Majesté. »

Le Roi a répondu :

« Le suffrage de leurs concitoyens est la plus douce récompense que mes fils puissent recevoir de ce dévouement à la patrie dont ils viennent de donner des gages que je suis heureux de voir si hautement appréciés. Le brillant succès que nos armes ont obtenu sous les murs d'Anvers a rajeuni les lauriers de notre vieille armée, et nos jeunes soldats se sont montrés dignes de ceux qui les avaient devancés dans la carrière. Mais ce succès m'est encore cher à d'autres titres ; car, en l'obtenant, la France a prouvé à la fois et sa fidélité à remplir ses engagemens, et sa force pour assurer l'exécution des traités. Je vous remercie de la justice que vous rendez à la franchise et à la fermeté de mon Gouvernement. C'est en persévérant dans cette marche honorable que la France atteindra le haut degré de prospérité que mes efforts tendent à lui assurer, et que votre excellente population se remettra de tout ce qu'elle a souffert avec tant de courage et de résignation. L'activité que reprend votre commerce m'en donne l'espérance, et j'ai tout lieu de me flatter que cette espérance sera bientôt complètement réalisée. »

Les principaux fonctionnaires, les chefs de corps et les présidens des députations ont eu l'honneur de dîner avec le Roi.

Après le dîner, Sa Majesté s'est rendue par un couloir intérieur à la salle de bal. Cette salle, formant un carré long d'une vaste étendue, contenait près de douze cents personnes; elle avait été ornée avec beaucoup d'élégance. Sa Majesté y a été accueillie avec des marques réitérées d'un vif enthousiasme; elle s'est retirée à neuf heures et demie.

SÉJOUR A SAINT-QUENTIN. — ARRIVÉE A CAMBRAI.

Cambrai, le 7 janvier.

Le Roi, accompagné des Princes, est monté à cheval à neuf heures du matin, pour visiter plusieurs fabriques de Saint-Quentin.

Sa Majesté s'est d'abord rendue, par la rue Saint-Martin, à la fabrique de tulle de M. Heathcoat; elle a examiné avec beaucoup d'intérêt ce bel établissement, qui s'est formé à l'instar d'un établissement semblable dirigé en Angleterre par le même propriétaire.

De la fabrique de tulle, le Roi, en suivant les boulevarts, est allé à la filature de coton de M. Joly. Sa Majesté a visité les divers ateliers de filature, de tissage et d'apprêt.

La blanchisserie de MM. Pluchart et Cordier, située sur la route de La Fère, a aussi attiré d'une manière particulière l'attention de Sa Majesté : elle l'a visitée dans toutes ses parties, ainsi que l'établissement d'apprêt de M. Tausin-Héron, situé à l'autre extrémité.

Le Roi, en traversant la ville, a recueilli de toutes les classes de citoyens de vifs témoignages de dévouement.

La population ouvrière entourait Sa Majesté des

démonstrations d'une vive reconnaissance. Les ouvriers de Saint-Quentin, dont le nombre peut s'élever à huit mille, n'ont pas eu beaucoup à souffrir pendant la stagnation du commerce, grâces aux sages dispositions prises par des fabricans animés d'un esprit de philanthropie et de patriotisme qui leur a fait sacrifier momentanément des sommes considérables pour assurer leur prospérité à venir ; ils paraissaient heureux de recueillir déjà, en partie, le prix de ces sacrifices, et se réunissaient pour bénir le Roi, dont la sagesse s'est appliquée si constamment, en protégeant l'ordre et la paix, à procurer au commerce les garanties qui lui impriment aujourd'hui une nouvelle activité.

Après avoir visité les principaux établissemens de Saint-Quentin, le Roi s'est rendu, à cheval, au faubourg de la ville, où la garde nationale et la troupe de ligne étaient rangées des deux côtés de la route. Sa Majesté a été saluée de nouveau par les cris de *vive le Roi! vivent les Princes!*

A onze heures, une salve d'artillerie de la garde nationale a annoncé le départ du Roi.

M. le maréchal ministre de la guerre, président du conseil, arrivé dans la nuit à Saint-Quentin, accompagnait Sa Majesté.

Le Roi est descendu de voiture à la hauteur du canal souterrain de Saint-Quentin. M. Debout, ingénieur attaché au canal, et M. de Cambacérès, ingénieur du département de l'Aisne, ont accompagné

Sa Majesté jusque sous la voûte souterraine, où elle s'est arrêtée quelque tems pour admirer ce bel ouvrage.

M. le préfet de l'Aisne et M. le sous-préfet de Saint-Quentin n'ont quitté Sa Majesté qu'aux limites du département de l'Aisne.

M. Méchin, préfet du Nord, et M. le maréchal Gérard attendaient le Roi à Bonavy. Sa Majesté a mis pied à terre; elle a embrassé le maréchal, et reçu les félicitations de M. le préfet.

A une demi-lieue de Cambrai, le Roi et les Princes sont montés à cheval, afin de passer en revue la division de cavalerie de réserve du général Gentil-Saint-Alphonse, qui se compose des 1er, 4e, 9e et 10e régimens de cuirassiers. Sa Majesté, précédée d'un escadron de cuirassiers, escortée par la garde nationale à cheval, s'est avancée vers la ville. Elle a été complimentée aux portes de Cambrai par M. Lallier, député et maire; elle y est entrée au bruit d'une salve d'artillerie, et au millieu des démonstrations de l'enthousiasme public. Le Roi s'est rendu sur la place d'armes, où se trouvaient rangées en bataille les gardes nationales de la ville et de la banlieue, une batterie d'artillerie à cheval du 6e régiment, et le dépôt du 1er régiment de lanciers. Sa Majesté a parcouru leurs rangs au milieu des plus vives acclamations.

Sa Majesté a distribué des décorations de la Légion-d'Honneur à la division de cavalerie qu'elle passait en revue; elle s'est arrêtée sur la grande place pour la voir défiler, ainsi que la garde nationale et le dépôt du 1er régiment de lanciers.

Sa Majesté est descendue au palais épiscopal, où elle a reçu les autorités civiles et militaires, MM. les officiers de la garde nationale, et MM. les officiers de la division du général Gentil-Saint-Alphonse.

M. le préfet du Pas-de-Calais et M. le maire d'Arras sont venus présenter leur félicitations à Sa Majesté.

Après le dîner, où plus de cent personnes invitées ont pris place à la table du Roi, Sa Majesté s'est rendue à la salle de bal, à l'Hôtel-de-Ville, où elle a été accueillie par de vives acclamations; elle est rentrée à neuf heures dans ses appartemens.

PASSAGE AU CATEAU, A LANDRECIES, A AVESNES ; ARRIVÉE A MAUBEUGE.

Maubeuge, le 8 janvier.

Le Roi est parti de Cambrai à huit heures et demie du matin. La garde nationale et la troupe de ligne étaient sous les armes. M. le maire s'est trouvé avec le corps municipal en dehors de la porte de sortie.

Sa Majesté est descendue de voiture, a traversé à pied, avec ses fils, le Cateau, Landrecies, Maroëlles et Avesnes. Elle s'est arrêtée pour passer en revue la garde nationale de ces villes. L'empressement des habitans était tel, que souvent la marche de Sa Majesté en était arrêtée ; la population des campagnes s'est portée aussi en foule sur son passage. Dans chaque village la garde nationale était sous les armes ; partout le plus vif enthousiasme a éclaté à la vue du Roi et des Princes.

M. Pescatore, sous-préfet d'Avesnes, est venu recevoir le Roi à la limite de son arrondissement. MM. les maires ont eu l'honneur de complimenter Sa Majesté. Partout le clergé est venu lui offrir ses hommages.

Le Roi a été conduit à l'Hôtel-de-Ville d'Avesnes, où Sa Majesté a reçu les félicitations du tribunal et du corps municipal. Une corbeille de fleurs lui a été

2

offerte par Mlle Guillemin, fille du maire, accompagnée de jeunes demoiselles.

Sa Majesté est entrée dans Maubeuge à cinq heures, précédée de la garde nationale à cheval et d'un escadron de dragons.

Un arc de triomphe en lierre avait été élevé à l'entrée de la ville. M. le maire, accompagné du corps municipal, a présenté les clefs à Sa Majesté et un fusil de la fabrique d'armes de Maubeuge.

La garde nationale bordait la haie avec les 25e et 58e régimens de ligne, depuis l'arc de triomphe jusqu'à l'hôtel de M. de Saint-Léger, maire de Maubeuge, où Sa Majesté est descendue.

Aussitôt après son arrivée, le Roi a reçu les autorités civiles et militaires, MM. les officiers de la garde nationale, et MM. les officiers des régimens de ligne.

Sa Majesté a paru accueillir avec intérêt la demande que lui a faite M. le maire, en faveur de la conservation de la manufacture d'armes de Maubeuge.

Le local qui sert de manége avait été transformé à la hâte en salle de bal, afin d'y admettre un plus grand nombre de personnes ; cette salle était décorée de trophées d'armes. Au bas d'un de ces trophées, auquel était suspendu un drapeau que la garde nationale de Maubeuge portait en 1793, on lisait ces vers :

Monarque-citoyen, tu vivras dans l'histoire ;
Tu respectes nos droits, ton pouvoir est sacré ;
Défenseur du pays, tu pris part à sa gloire,
Et pour toi notre amour est une vérité.

Sa Majesté est entrée au bal à neuf heures, et y est restée environ deux heures ; les Princes ont dansé pendant ce tems, et se sont retirés avec le Roi.

Le bal était brillant et nombreux. Partout des acclamations, des vœux ardens pour la prospérité du Trône, pour la gloire de nos armes.

Deux canonniers de la garde nationale de Maubeuge ont été blessés en faisant feu. L'aide-de-camp de service s'est empressé de prendre leurs noms par ordre de Sa Majesté, et s'est informé avec soin de la situation de leurs familles.

REVUE À MAUBEUGE. — DÉPART POUR VALENCIENNES, PASSAGE A BAVAY.

Valenciennes, le 9 janvier.

Aujourd'hui à onze heures du matin, le Roi, accompagné des Princes, de M. le ministre de la guerre, président du conseil, et de M. le maréchal Gérard, s'est rendu à pied sur les glacis de la porte de Mons de Maubeuge, pour y passer en revue les troupes rassemblées sur ce point, et décerner des récompenses.

La gelée ayant rendu le terrain très-glissant pour les chevaux, Sa Majesté a donné l'ordre de mettre toute la cavalerie de ligne à pied. C'est pour la même raison qu'elle n'a pas voulu que la garde nationale à cheval lui servît d'escorte en sortant de Maubeuge, et a refusé toutes les escortes à cheval; la gendarmerie a été aussi renvoyée.

Les troupes étaient rangées en bataille sur la route, dans l'ordre suivant :

La garde nationale de Maubeuge;

La 2ᵉ brigade de la division du général Jamin, composée des 52ᵉ et 58ᵉ régimens de ligne, commandés par le général Georges;

La 2ᵉ brigade de la division du général Dejean, formée des 5ᵉ et 10ᵉ régimens de dragons, sous les ordres du général Latour-Maubourg ; et le dépôt du 1er régiment de chasseurs à cheval.

Le Roi a passé devant cette ligne, qui s'étendait sur la route de Mons.

Une population innombrable bordait la route ; pendant le trajet qu'a parcouru Sa Majesté, les cris de *vive le Roi !* n'ont cessé de se faire entendre.

Le Roi est venu se placer à la tête de la première colonne.

M. le maréchal, ministre de la guerre, a fait approcher les militaires qui devaient recevoir des mains de Sa Majesté la récompense de leurs services et de leur valeur.

Le Roi, en leur remettant la décoration de la Légion-d'Honneur, leur a adressé l'allocution suivante :

« Vous savez, mes chers camarades, combien j'apprécie la nouvelle gloire dont l'armée vient de se couvrir sous les murs d'Anvers. Je vous en félicite ; j'ai voulu vous témoigner combien mon cœur en jouit, combien toute la France en jouit avec moi. Toutes les fois que de nouveaux dangers appellent l'armée à combattre pour la patrie, ce sont toujours de nouveaux lauriers qui viennent se rattacher à la gloire du nom français. Je suis heureux d'être envers vous l'interprète de toute la France, et de vous témoigner l'admiration qu'inspirent votre valeur et votre brillante conduite. »

La garde nationale et les troupes, en défilant deyant Sa Majesté, ont fait éclater un enthousiasme qu'il serait difficile de rendre.

Un très-beau tems a favorisé cette revue, qui a duré plus de deux heures.

Le Roi est rentré dans la ville pour visiter l'hôpital militaire, où avaient été transportés cent un militaires blessés sous Anvers, les uns à la tranchée, le plus grand nombre sur les bords de l'Escaut, en repoussant le débarquement des Hollandais sur la digue de Doël.

Le Roi s'est approché du lit de chaque blessé, s'est informé d'eux avec une sollicitude qui a paru faire une vive impression sur ces braves, et leur a adressé des paroles de consolation. Les blessures sont peu dangereuses; la plupart des soldats sont presque rétablis; ils ont témoigné leur impatience d'être guéris, afin de pouvoir encore combattre pour la patrie.

Le duc d'Orléans a questionné ces braves avec un intérêt tout particulier; on les voyait s'animer de nouveau, en indiquant l'endroit où ils avaient reçu leurs blessures. Le Prince a retrouvé là un militaire qui dans la tranchée avait été blessé auprès de lui d'un coup de mitraille.

Un soldat du 58ᵉ, qui n'a voulu se laisser emporter de la tranchée qu'à la seconde blessure, a reçu des mains du Roi la décoration de la Légion-d'Honneur, qu'il a aussitôt portée sur son cœur avec une vive émotion.

Un caporal du 65e de ligne a fixé particulièrement l'attention de Sa Majesté. Elle a lu avec satisfaction les vers que ce jeune militaire, qui a été blessé plusieurs fois, venait de composer pour la circonstance.

Le Roi a fait remettre au directeur une somme destinée à être distribuée aux blessés, au moment de leur sortie de l'hôpital.

Sa Majesté est montée immédiatement après en voiture, et a quitté Maubeuge à trois heures. Elle a retrouvé sur les glacis de la place le 58e régiment de ligne, formé par bataillons en colonnes serrées ; et plus loin, sur la route, le 5e régiment de dragons.

A l'entrée de Bavay, le Roi a été complimenté par M. Crapez, maire de la ville. Sa Majesté est descendue de voiture, et a traversé la ville à pied, au milieu d'une population qui se pressait sur ses pas, en l'accompagnant des cris de *vive le Roi !*

M. Veymel, sous-préfet de l'arrondissement de Valenciennes, est venu recevoir le Roi à la limite, entre Jenlain et Curgies.

Sa Majesté est arrivée à cinq heures et demie au village de Marly, à un quart de lieue de Valenciennes.

M. Flamme, maire de la ville, accompagné du corps municipal, attendait, en cet endroit, Sa Majesté pour lui présenter les clefs, et la complimenter.

Voici le discours qu'il lui a adressé :

« SIRE,

» L'administration municipale de la ville de Valenciennes vient vous offrir l'hommage de son respect, de son entier dévouement, et vous présenter cette *clef*, qui, réservée par un antique usage pour les jours de *joyeuse entrée*, ne pouvait mieux servir qu'à celle du premier Roi constitutionnel élu par les Français.

» La joie qui pénètre nos cœurs, je n'essaierai point de la dépeindre. Les acclamations qui vous attendent seront plus éloquentes que ne pourraient être mes paroles.

» Votre présence, Sire, est un véritable bonheur pour nous tous. Les citoyens de Valenciennes se plaisent à revoir dans Votre Majesté le guerrier qui était dans leurs murs quand, pour les mêmes couleurs que celles sous lesquelles il règne aujourd'hui, il alla combattre les étrangers levés pour asservir notre patrie.

» Maintenant, grâce à votre sagesse, les mêmes peuples sont en paix avec nous.

» Un seul a méconnu ses véritables intérêts et compromis le repos de l'Europe. Mais nos jeunes et vaillans soldats, dont, avec un touchant empressement, vous venez récompenser le dévouement et la bravoure, ont saisi avec ardeur l'occasion de montrer qu'ils savaient vaincre pour l'ordre et pour la paix des peuples, comme autrefois leurs pères pour la liberté.

» Vos deux fils, dans les rangs que vous leur avez assignés, se sont montrés dignes de la France et de vous.

» La victoire à laquelle ils ont concouru, doit assurer l'accomplissement de vos desseins pacifiques. Elle a fait espérer à nos contrées du Nord la fin des sacrifices nombreux que la patrie a réclamés de nous.

» La paix rendra possible la diminution de charges; l'ordre et les lois continueront de s'affermir.

» La France, heureuse et libre, n'aura qu'une voix pour bénir le monarque qu'elle a choisi, et qui répond si bien à ses vœux. »

Le Roi a répondu :

« C'est avec plaisir que je reçois ces clefs. Jadis, je les ai gardées long-tems dans ma chambre, quand j'étais le commandant militaire de votre ville. Je les gardais fidèlement pour la France; et à présent que le vœu national m'a appelé au trône, je les défendrais encore pour la patrie avec autant de zèle et de fidélité. Mes fils, aujourd'hui à peu près de l'âge que j'avais alors, ont eu, comme moi, le bonheur de trouver leur place dans les rangs de notre brave armée; ils ont partagé ses travaux et ses dangers; ils se sont montrés dignes du nom français, et j'entends avec plaisir les suffrages que leur conduite obtient de vous tous; je vous en remercie. Nous n'avions pas besoin du mémorable siége de la citadelle d'Anvers pour savoir ce dont nos guerriers sont capables, et pour être certains que toutes les attaques que l'on tenterait contre nous seraient aussi impuissantes que dangereuses pour ceux qui oseraient les former. Forts de notre sagesse et de notre loyauté, nous conserverons la paix; la reddition de la citadelle d'Anvers en est un nouveau gage; et nous jouirons de tous les avantages de cette gloire que la France a conquise par la valeur de ses armées et le patriotisme de la nation. »

À la première enceinte de la place, M. le colonel de La Huberdière a présenté à Sa Majesté les clefs de la ville.

La route était occupée par un détachement de la garde nationale et par une partie des régimens qui doivent être passés demain en revue.

Le Roi a mis pied à terre avec les Princes, M. le maréchal duc de Dalmatie, président du conseil, et M. le maréchal comte Gérard, et a parcouru cette ligne à la lueur des flambeaux. Sa Majesté a fait également à pied, au milieu d'une nombreuse population, animée d'un grand enthousiasme, son entrée dans Valenciennes. La ville était illuminée, toutes les fenêtres étaient garnies de spectateurs.

En arrivant sur la place d'armes, dont l'illumination était très-brillante, le Roi a trouvé la garde nationale et des régimens de ligne rangés en bataille ; Sa Majesté, précédée de flambeaux, a passé devant leur front. Il serait difficile de décrire les transports qui ont éclaté en sa présence.

Allocution adressée par Sa Majesté à la garde nationale de Valenciennes :

« Je suis charmé de voir la garde nationale de Valenciennes, et de me trouver au milieu d'elle sur cette même place où j'ai tant de fois fait défiler la parade. Sa vue réveille en moi tous les souvenirs du tems où la garde de cette grande ville de guerre m'était confiée pour la France. Je me ressouviens avec plaisir des sentimens patriotiques que j'ai trouvés dans ses habitans, et de leur zèle pour la mère-patrie. Ils se rappellent peut-être aussi quels étaient alors les miens. Ceux d'entre eux qui sont mes contemporains peuvent en témoigner ; et moi, je m'enorgueillis de vous dire qu'ils n'ont jamais changé, que tel que j'étais alors, tel je suis aujourd'hui, et que le Roi des Français porte à votre ville les mêmes sentimens et la même affection que le colonel du 14e régiment de dragons. »

Le Roi a été conduit à l'Hôtel-de-Ville, où des appartemens avaient été disposés pour le recevoir. Sa Majesté y a reçu immédiatement le tribunal civil, le tribunal et la chambre de commerce, les juges de paix, le conseil d'arrondissement, le conseil munici- pal, le collége, la société d'agriculture, une députa- tion de la ville de Condé, MM. les officiers de la garde nationale et MM. les officiers de la ligne, les divers fonctionnaires civils et militaires.

Sa Majesté s'est rendue, après le dîner, à la salle de spectacle, qui avait été décorée d'une manière in-génieuse. Des deux côtés de la scène s'élevaient deux trophées d'armes surmontés de drapeaux tricolores ; dans les écussons du devant des loges étaient inscrits les numéros des régimens qui ont pris part à l'expé-dition d'Anvers. Sa Majesté s'est retirée à dix heures et demie, après la première pièce, au milieu des nouveaux témoignages de l'enthousiasme qui avait éclaté à son entrée.

SÉJOUR A VALENCIENNES.

DISTRIBUTION DE DÉCORATIONS A DIVERS RÉGIMENS.

Valenciennes, le 10 janvier.

Le Roi ayant prolongé sa visite à l'hôpital militaire de Maubeuge au-delà de l'heure fixée pour son départ, n'a pu se détourner de la route de Valenciennes pour aller au Quesnoy, ainsi que Sa Majesté en avait l'intention ; elle a envoyé un de ses aides-de-camp, M. le général Gourgaud, pour transmettre aux habitans du Quesnoy l'expression de ses regrets. Toutes les dispositions avaient été prises pour y recevoir le Roi d'une manière qui répondît au patriotisme et au bon esprit dont cette ville est animée. Une belle et nombreuse garde nationale attendait sous les armes l'arrivée de Sa Majesté. En apprenant qu'elle ne pouvait venir les visiter, les habitans du Quesnoy ont éprouvé un profond regret, mais le motif qui l'en avait empêchée en a adouci l'amertume. M. le général Gourgaud a recueilli de la nombreuse population rassemblée sur ce point les témoignages des bons sentimens qui lui avaient fait montrer tant de zèle et d'empressement.

Une députation du Quesnoy s'est rendue à Valenciennes, où elle a été reçue par Sa Majesté, qui lui a exprimé elle-même les regrets qu'elle éprouvait de n'avoir pu visiter leur ville, et l'a priée de témoigner

(3o)

à ses habitans combien elle appréciait le patriotisme qu'ils avaient toujours manifesté au milieu des circonstances pénibles où ils s'étaient trouvés placés.

Le Roi est sorti à onze heures du matin avec les Princes, et s'est rendu à pied, par la porte du Quesnoy, sur les glacis de la place, où la garde nationale de Valenciennes et de Condé et les troupes de ligne attendaient Sa Majesté pour être passées en revue.

Ces troupes se composaient de la 1re brigade de la division du lieutenant-général Jamin, formée des 18e de ligne et 19e léger, sous le commandement du général Zoepffel ; de la 1re brigade de cavalerie de la division du lieutenant-général Dejean, composée du 2e régiment de hussards et du 1er régiment de chasseurs, commandés par le général de Rigny, et de quatre batteries d'artillerie des 1er et 2e régimens, attachées à ces divisions.

Le Roi étant monté à cheval, a passé devant le front des troupes ; Sa Majesté est venue ensuite se placer sur une élévation qui domine la plaine couverte de neige où les bataillons se déployaient pour venir défiler. Les rayons d'un beau soleil éclairaient cet admirable tableau.

Les militaires qui devaient recevoir la décoration de la Légion-d'Honneur ayant été réunis devant le Roi, M. le maréchal duc de Dalmatie, ministre de la guerre, a ordonné qu'on ouvrît le ban, et Sa Majesté leur a adressé l'allocution suivante :

« Mes chers camarades, vous ne pouvez pas éprouver une plus douce satisfaction, en recevant les croix que je vais vous distribuer, que je n'en éprouve moi-même à vous décorer de ces signes de l'honneur. Je vous les remets au nom de la France, pour vous témoigner sa satisfaction et la mienne pour votre belle conduite au mémorable siége de la citadelle d'Anvers. Vous venez d'attacher une nouvelle gloire à nos drapeaux, à ces trois couleurs chéries que nous avons reprises avec tant d'orgueil et de joie. En vous donnant ces récompenses, je sens profondément la perte de tous les braves que nous pleurons, et auxquels j'aurais été si heureux d'accorder pareillement celles qu'ils avaient si bien méritées. C'est à vous, mes braves camarades, à les remplacer pour la patrie, et à perpétuer, par votre valeur et votre dévouement, l'éclat du nom français et la gloire de nos armes. »

Ces paroles ont été accueillies par les cris de *vive le Roi !*

M. le ministre de la guerre a appelé les noms des militaires, et le Roi leur a remis la décoration.

On a remarqué, parmi ceux qui les ont reçues, un soldat du 18e de ligne, blessé à la tranchée par un éclat d'obus, et qui marchait avec peine. Il portait encore une capote déchirée en plusieurs endroits par le coup qui l'avait frappé.

La garde nationale et les troupes de ligne ont ensuite défilé devant Sa Majesté en faisant éclater un grand enthousiasme. En tête de colonne défilait une compagnie formée pendant le siége par les ordres du maréchal Gérard, et composée de volontaires pris parmi les meilleurs tireurs du 19ᵉ léger. Ces braves, pendant dix-huit jours consécutifs, étaient placés dans des trous de loup en dehors des boyaux de la tranchée, pour tirer continuellement sur les remparts de la citadelle. Le Roi s'est avancé vers eux, les a félicités sur leur belle conduite, et les a tous invités à dîner (1).

Après la revue, le Roi a fait le tour des glacis jusqu'à la plaine de Mons, où Sa Majesté, accompagnée de M. Guillemin, commandant du génie, examina les ouvrages de fortifications nouvellement terminés. Le Roi est rentré en ville par la porte de Mons, après avoir mis pied à terre à la première barrière. Sa Majesté s'est rendue à l'hôpital militaire,

---

(1) Une table de deux cents couverts avait été dressée à cet effet, au *Salon de Flore*, par les soins de la Maison du Roi. M. le général Heymès, aide-de-camp du Roi, est venu, au milieu du banquet, leur lire une lettre du ministre de la guerre, adressée au maréchal Gérard, commandant en chef de l'armée du Nord, dans laquelle le ministre annonce qu'en récompense de leur brillante conduite sous les murs d'Anvers, tous ceux d'entre eux qui sont susceptibles d'avancement, seraient immédiatement promus, et que, dès à présent, tous les soldats de cette compagnie porteraient les marques distinctives de carabiniers ou voltigeurs, et en recevraient la haute-paie, comme surnuméraires. Cette communication a été accueillie par des cris de *vive le Roi!* et des transports de joie.

où il y avait 84 soldats blessés ; elle les a visités avec non moins d'intérêt que ceux qu'elle avait vus à Maubeuge.

M. le duc d'Orléans a reconnu le sergent Daujat, du 58e, qui avait été blessé par un éclat d'obus, le jour où le Prince commandait la tranchée.

Dans la salle où se trouvaient ces blessés, il y avait quatre soldats hollandais, qui, au moment où on les a faits prisonniers, avaient reçu des coups de baïonnette. Le Roi s'est informé d'eux avec bonté.

De l'hôpital militaire, Sa Majesté s'est rendue, par la porte de Tournay et les remparts, à la citadelle, qu'elle a visitée, accompagnée de M. le commandant du génie, qui eut l'honneur d'expliquer au Roi, sur le terrain même, par quel coup de hardiesse les mousquetaires français conquirent, en 1677, sous Louis XIV, la place de Valenciennes.

Le Roi est rentré à l'Hôtel-de-Ville vers quatre heures.

Parmi les personnes qui ont été présentées à Sa Majesté, on a remarqué M. Charles Lelièvre, de Valenciennes, capitaine du génie, blessé sous Anvers, auprès de M. le duc d'Orléans.

Les officiers supérieurs de la garde nationale et des régimens passés en revue ont été admis à la table du Roi.

A huit heures, après le dîner, le Roi s'est placé

au balcon de l'Hôtel-de-Ville, pour voir une
marche triomphale, que la Société dite *des Incas*,
instituée dans un but de bienfaisance, faisait pro-
mener sur la grande place, à la lueur de plus de
cent torches, et au son de nombreux instrumens.
Un feu d'artifice a terminé cette représentation.

Il était près de dix heures quand le Roi est allé à
la salle de spectacle, qui avait été élégamment décorée pour le bal, avec des trophées d'armes et des
emblèmes, en l'honneur de l'armée du Nord.

Sa Majesté y est restée près d'une heure, et s'est
retirée au milieu de la manifestation des sentimens
que sa présence avait excités.

DÉPART DE VALENCIENNES. — PASSAGE A SAINT - AMAND , ORCHIES ; ARRIVÉE A LILLE.

Lille , le 11 janvier 1833.

Le Roi a quitté Valenciennes à dix heures et demie du matin , traversant la ville à pied , et recueillant partout sur son passage une manifestation de sentimens non moins vifs que ceux qui avaient éclaté à son entrée. M. le maire s'est porté aux limites de la banlieue avec le corps municipal et la garde nationale, auxquels Sa Majesté a témoigné de nouveau combien elle était satisfaite de son séjour à Valenciennes.

Une partie des troupes de ligne, qui avaient été passées hier en revue, se trouvaient échelonnée sur la route.

Le Roi a continué sa marche jusque sur la hauteur d'Anzin, où Sa Majesté était attendue par la garde nationale, belle et nombreuse, de cette commune, pour qui l'exploitation des mines de charbon est une source de prospérité. De jeunes filles , vêtues de blanc, lui ont offert un bouquet ; M. Mathieu, maire d'Anzin, a eu l'honneur de la complimenter.

Le Roi est ensuite monté en voiture, et a continué sa route pour Lille.

A Raismes, les maisons pavoisées de drapeaux

tricolores, la masse de la population réunie sur la place, la garde nationale sous les armes, donnaient à ce joli village un air de fête.

Sa Majesté est descendue de voiture à Saint-Amand et à Orchies, et a traversé à pied ces villes, qui étaient pavoisées de drapeaux tricolores et ornées d'ingénieuses décorations. Sa Majesté y a été reçue par les autorités civiles et militaires, les gardes nationales et les populations rurales, qui montraient un grand empressement et beaucoup d'enthousiasme.

M. Germeau, sous-préfet de l'arrondissement de Douai, est venu recevoir le Roi à l'entrée d'Orchies.

Le Roi, arrivé à trois heures au faubourg de Lille, est monté à cheval, ainsi que les trois Princes ses fils. Sa Majesté était accompagnée de M. le ministre de la guerre, président du conseil, et de M. le maréchal Gérard. M. le lieutenant-général Corbineau, commandant la division, M. le général Rapatel, commandant le département du Nord, et les généraux de l'armée du Nord, Saint-Cyr Nugues, Haxo, Neigre, Tiburce Sébastiani, Achard, Rumigny, Simonneau, etc., venus avec leur état-major au-devant de Sa Majesté, se sont joints au cortége, qui s'est avancé vers la ville, précédé par une nombreuse garde nationale à cheval et un détachement de hussards.

M. Lethierry, maire de Lille, à la tête du corps

municipal, a présenté au Roi les clefs de la ville, et lui a adressé le discours suivant :

« SIRE,

» La ville de Lille fut l'une des premières à saluer de ses acclamations l'avènement de Votre Majesté au trône constitutionnel élevé par la grande et généreuse révolution de juillet, et consacré par la volonté nationale. Votre présence dans ses murs sera aujourd'hui pour elle un événement heureux, dont ses annales conserveront le souvenir.

» Cette grande et industrieuse cité, l'un des boulevarts de la France, se rappelle avec orgueil que les efforts des étrangers vinrent échouer aux pieds de ses remparts défendus par le patriotisme de nos pères, tandis que sur les champs de bataille vous combattiez aussi pour la liberté. Comme à cette époque glorieuse, nous saurions faire notre devoir, si cette liberté chérie, si le trône dont elle est la base, si notre indépendance étaient encore menacés. Mais, Sire, tout nous fait présager un avenir moins orageux. La France, forte et respectée, pourra jouir enfin des institutions qu'elle a conquises, et les verra se développer progressivement. C'est dans le calme et la paix que ces institutions se consolideront, et que la prospérité publique jettera un nouveau lustre sur notre monarchie constitutionnelle, destinée à marcher à la tête de la civilisation moderne.

» Le courage et la constance de notre armée pendant la glorieuse campagne qui vient de finir, et les lauriers qu'elle a cueillis sur les rives de l'Escaut, nous sont garans que la France s'est replacée au rang qu'elle doit occuper parmi les nations. Votre sage fermeté saura l'y maintenir.

» Je présente à Votre Majesté les clefs de cette cité, sur le courage et le patriotisme de laquelle la France et son Roi peuvent toujours compter. »

Le Roi a répondu :

« Je me rappelle toujours avec orgueil qu'en 92 j'ai marché, avec ma division, pour venir au secours de votre ville, alors bombardée par les Autrichiens. Ces souvenirs se retracent à moi à chaque pas que je fais dans ce département, que j'affectionne d'une manière particulière, en raison de ces mêmes souvenirs, et des sentimens que j'ai toujours trouvés dans sa population. C'est avec un nouveau plaisir que je reviens à Lille, dans cette ville si dévouée à la patrie, si importante par son industrie et son commerce, si forte par sa position militaire et la vaste étendue de ses remparts. J'ai éprouvé une bien douce satisfaction à vous témoigner mes sentimens à diverses époques de ma vie, et dans des positions bien différentes, tantôt comme colonel, comme général, comme duc d'Orléans; et aujourd'hui c'est comme Roi des Français que j'ai le bonheur d'entendre l'expression de vos sentimens, et de vous rappeler que les miens n'ont jamais varié; que, toujours fidèle à mon pays, vous pouvez compter sur mon inébranlable résolution de maintenir nos droits au dedans et au dehors, de défendre nos institutions toutes les fois qu'elles seraient menacées ou attaquées ; et je compte de même sur votre patriotisme, sur les bras de vos concitoyens, pour repousser toutes les attaques qui pourraient être dirigées contre elles, aussi bien que sur leur valeur pour soutenir l'honneur national, et défendre votre grande cité contre les ennemis de la France, si jamais ils se représentaient devant vos murs. »

Cette réponse a été accueillie avec transport.

Depuis plusieurs heures la population se rendait en foule à la porte de Paris ; la plus vive impatience se manifestait dans toutes les classes de spectateurs. Des salves de l'artillerie bourgeoise annoncèrent l'approche du Roi.

Ici notre tâche devient difficile ; car comment peindre cet enthousiasme si complet, si unanime, si éloquent dans ses manifestations, sans crainte d'être taxé d'exagération ? et cependant il est de notre devoir de dire que jamais réception de souverain n'a été plus brillante, que jamais opinion publique ne s'est révélée avec plus d'élan et d'énergie.

C'est au milieu des chants de la *Marseillaise*, de la *Parisienne*, aux acclamations loyales d'une population si vivement émue par la présence du souverain, que nous cherchons à rappeler les principaux traits de l'entrée de Sa Majesté.

Partout les balcons, les fenêtres, étaient garnis de dames, et les maisons pavoisées de drapeaux trico-lores.

Dans la rue Royale, la foule devint tellement considérable, que l'escorte pouvait à peine se faire jour; le Roi n'avançait que fort lentement, et cependant une Famille tendrement chérie l'attendait avec une impatience facile à concevoir. Il était près de quatre heures quand le Roi mit pied à terre au palais.

A peine était-il descendu de cheval, que la jeune Reine des Belges se précipita dans les bras de son père, qui la serra affectueusement et à plusieurs reprises contre son cœur; la Reine, le Roi Léopold, les jeunes Princesses et Mme Adélaïde, reçurent également les plus tendres embrassemens ; et dans cette scène si noble, si simple et si touchante à la fois, le père de famille se révéla tout entier.

L'auguste Famille se retira de suite dans ses appartemens. Pendant ce tems toutes les autorités militaires et civiles, se réunirent dans le premier salon, où se trouvaient, depuis quelque tems, Mme la comtesse Corbineau, Mme la baronne Méchin, Mme Lethierry, Mme Josson, Mme Montigny-Champon et Mme la vicomtesse de Rigny.

Le Roi témoigna le désir de recevoir immédiatement. Les réceptions d'usage eurent lieu dans le grand salon de l'hôtel, et en présence de Sa Majesté la Reine, de Mme Adélaïde, des Princesses Marie et Clémentine, de LL. AA. RR. les ducs d'Orléans, de Nemours, et de M. le prince de Joinville.

Les réceptions ont commencé à quatre heures et demie, dans l'ordre suivant :

M. le lieutenant-général commandant la division, et son état-major ;

M. le préfet, le conseil de préfecture, et le secré-taire-général ;

Le conseil d'arrondissement ;

M. le général commandant le département, et son état-major ;

Le clergé catholique ;

Le tribunal de première instance ;

M. le maire, ses adjoints, le conseil municipal ;

La commission des hospices, le bureau de bien-faisance ;

Le collége communal ;

M. le commandant de la place et son état-major ;

Le clergé protestant ;

Le tribunal de commerce ;

MM. les juges de paix ;

MM. les officiers de la garde nationale de Lille ;

La chambre du commerce ;

Le conseil des prud'hommes ;

Les fonctionnaires civils et militaires ;

La Société royale des sciences, de l'agriculture et des arts.

Le Roi a agréé l'hommage d'un exemplaire des mémoires de cette Société, et un ouvrage de M. Dumesnil, intitulé : *la Ville du refuge*, rêve philanthropique.

MM. les officiers-généraux de l'armée du Nord ont été présentés au Roi par M. le maréchal Gérard.

Sa Majesté a adressé des félicitations à MM. les lieutenans - généraux Saint - Cyr Nugues, Haxo, Neigre, Fabre, Achard, Sébastiani, et aux autres généraux.

Discours de M. le maire de Lille.

« Sire,

» Le corps municipal de la ville de Lille vous renouvelle par mon organe l'expression des sentimens dont Votre Majesté vient d'agréer l'hommage à l'entrée de la ville.

» Sa confiance et son dévouement pour votre personne et pour votre dynastie constitutionnelle égalent son patriotisme et son amour pour les libertés conquises par la généreuse révolution de juillet. »

Le Roi a répondu :

« Je réponds d'abord en mon nom à tous les sentimens que vous m'avez exprimés. Déjà, aux portes de la ville; je vous ai manifesté quels étaient ceux que je conserve pour le département du Nord, et pour la ville de Lille en particulier; je vous ai rappelé les époques mémorables qui les avaient fait naître; je vous ai dit combien j'étais heureux de me trouver au milieu de vous, je ne pourrais que répéter ce que je vous ai exprimé. Vous avez, aux jours du danger, défendu la patrie avec autant de zèle que de courage. Aujourd'hui, des occupations plus paisibles vous réclament, L'industrie et le commerce vont reprendre une nouvelle activité; vous pourrez travailler à augmenter la prospérité de votre ville, et à y diminuer le nombre des indigens. C'est là l'objet de mes vœux et de mes efforts. »

Discours de M. le maire à la Reine.

« Madame,

» Une mère de famille entourée de ses nombreux enfans qu'elle forme à la vertu, plus encore par ses exemples que par ses préceptes, commande toujours le respect et l'affection; mais quand cette mère est une Reine, quand ses enfans sont l'espoir de la patrie, quand déjà deux jeunes Princes se sont montrés dignes, par leur courage et leurs qualités personnelles, des hautes destinées auxquelles leur naissance les appelle, c'est l'amour et la vénération qu'un peuple libre apporte en tribut à l'heureuse mère.

» Ce sont aussi les sentimens que nous éprouvons

en approchant de Votre Majesté. Nous la prions d'en agréer l'expression. »

La Reine a répondu :

« Je m'unis aux sentimens que le Roi vient de vous exprimer; vous avez bien raison de dire que je suis la plus heureuse des épouses et des mères. »

Discours prononcé par M. Montigny, au nom de la garde nationale de Lille.

« SIRE,

» Depuis long-tems la garde nationale de Lille était impatiente de saluer son Roi et de lui offrir ses hommages. Elle en avait eu l'espérance lors de votre avènement au trône de juillet; et le retard que des circonstances graves avaient apporté à l'exécution de cette promesse l'avait vivement affligée.

» Elle est heureuse et fière aujourd'hui de posséder dans ses murs Votre Majesté et son auguste Famille; heureuse de l'évènement qui la fait se serrer autour de vous, fière de défiler sous les couleurs nationales qui viennent de recevoir leur nouveau baptême de gloire.

» L'armée a prouvé à l'Europe que les enfans de Jemmapes et de Valmy étaient dignes de leurs pères. Il appartenait à Votre Majesté de consolider et de sanctionner la liberté chez un peuple voisin et ami.

Au bruit du canon français, elle est sortie victorieuse et triomphante des murs de la citadelle d'Anvers.

» La garde nationale ne peut que former des vœux pour la gloire de la patrie; mais, au besoin, elle saurait aussi défendre et son Roi et la France.

» Ses vœux, Sire, vous accompagnent en tous lieux. Son dévouement sera toujours pur et sincère dans tous les tems. »

Le Roi a répondu :

« Mes chers camarades,

» Vous savez avec quel plaisir je viens toujours à Lille; j'ai eu souvent l'occasion de vous le témoigner. J'ai été bien contrarié de n'avoir pas pu venir plus tôt vous manifester moi-même les sentimens qui me sont inspirés par la connaissance que j'ai du caractère, du patriotisme des habitans de Lille, et de leur noble conduite en tant d'occasions diverses. Je me rappelle les généreux efforts que vous avez faits, en 1792, pour conserver à la France cette cité importante, cette grande place de guerre, lorsqu'un bombardement cruel, parti du faubourg de Fives, désolait votre ville. C'est alors que j'eus la satisfaction de marcher avec ma division pour venir au secours de Lille, comme je le disais tout à l'heure aux portes de la ville et devant vos remparts; et quoique je sois arrivé après que la retraite de l'ennemi avait dégagé la place, j'aime à me flatter que la marche de ma division a pu contribuer à préserver votre ville des dangers qui la menaçaient, et contre lesquels le patriotisme et la valeur des Lillois luttaient avec tant de bravoure et de persévérance. Vous vous rappelez les évènemens qui m'ont ramené parmi vous en 1815 : j'y suis venu pour vous parler comme un bon Français attaché à son pays, pour vous engager à repousser l'étranger, sous quelque condition que ce pût être ; et c'était dans le moment où j'éprouvais la douloureuse nécessité de m'éloigner de la France que je vous adressais ce langage ; c'était celui de mon cœur, et, je m'enorgueillis de le dire, celui de toute ma vie. »

Ici le Roi a été interrompu par un cri unanime de *vive le Roi !* Sa Majesté a repris :

« Aujourd'hui que le vœu national m'a appelé au trône, j'éprouve une nouvelle satisfaction à me retrouver encore dans vos murs, au milieu d'une population qui m'est chère à tant de titres. Si de nouveaux dangers vous appelaient aux combats, vous y voleriez, animés de la même ardeur, et vous me verriez aussi combattre dans vos rangs, à votre tête. »

En ce moment les officiers de la garde nationale, qui se pressaient dans le salon de réception, ont fait éclater de nouveau, avec une vive émotion, les sentimens qui les animaient.

« L'armée française, a repris le Roi, ému lui-même par ce mouvement d'enthousiasme, vient de conquérir de nouvelles gloires, et les succès qu'elle vient d'obtenir sous les murs d'Anvers ont rajeuni ses lauriers. Mes fils se sont associés à ses travaux et à sa gloire : la manière dont vous avez apprécié leur conduite flatte mon cœur paternel. Le maintien de la paix, que nous avons glorieusement raffermie, donnera à votre industrie tout le développement dont elle est susceptible, et fera trouver à vos familles cette aisance et ce bonheur que mes efforts tendent toujours à assurer à tous les Français. »

Les cris de *vive le Roi!* ont de nouveau accueilli les paroles de Sa Majesté.

SÉJOUR A LILLE.

PREMIÈRE REVUE.

———

Lille, le 12 janvier.

Le Roi a passé aujourd'hui la revue de la division d'infanterie du général Tiburce Sébastiani et de la brigade de cavalerie du général Lawoestine, réunies sur l'esplanade, non loin de la citadelle, dans l'ordre suivant : le 11e léger, et les 5e, 8e et 19e régimens de ligne, commandés par les généraux Harlet et de Rumigny; deux batteries d'artillerie, et les 7e et 8e régimens de chasseurs, commandés par le général Lawoestine.

A midi, le Roi est sorti à cheval pour se rendre sur l'esplanade. Sa Majesté était accompagnée du Roi des Belges, des ducs d'Orléans, de Nemours, du prince de Joinville, du ministre de la guerre, du maréchal Gérard, et suivi d'un nombreux état-major, dans lequel se trouvaient le lieutenant-général Corbineau et autres généraux.

La Reine était dans une calèche avec sa fille la Reine des Belges, les deux jeunes Princesses, Madame Adélaïde, et M. Méchin, préfet du Nord.

Elle était suivie de deux voitures, dans lesquelles se trouvaient les dames d'honneur de Leurs Majestés.

Après avoir parcouru le front de toutes les lignes., Leurs Majestés sont venues se placer près du canal.

Alors le Roi a fait ouvrir le ban, et s'avançant vers les militaires appelés pour recevoir de ses mains la décoration de la Légion-d'Honneur, leur a adressé cette allocution :

« Mes chers camarades,

» Si cette journée est honorable et glorieuse pour vous, elle est bien satisfaisante pour moi, puisque je vais pouvoir récompenser vos services, en vous remettant ce signe de l'honneur que la France accorde à la valeur, au dévouement à la patrie. Mon cœur éprouve une satisfaction que j'aime à vous témoigner, et que je voudrais faire partager à tous ceux qui m'entendent. Vous venez de donner l'exemple de la discipline, du courage et de la persévérance. En continuant à marcher dans cette noble carrière, vous êtes sûrs d'arriver au but de vos efforts, aux grades qui sont la récompense des services, du mérite et de la valeur. Nous regrettons les braves qui ont si glorieusement succombé ; mais vous les remplacerez, vous remplirez les vides que le feu de l'ennemi a faits dans vos rangs ; et toujours vous serez prêts à combattre pour la patrie, à soutenir l'honneur du nom français, et à prouver que notre jeune armée est digne de succéder à celles qui ont acquis tant de gloire à la France ! »

Ces paroles ont été accueillies par les cris de *vive le Roi!* qui se sont prolongés sur toutes les lignes..

Après la distribution des croix, les troupes ont défilé devant Leurs Majestés en manifestant un grand enthousiasme.

Leurs Majestés sont allées ensuite visiter la citadelle.

M. Daullé, colonel du génie, accompagnait le Roi.

La citadelle de Lille, chef-d'œuvre de Vauban, a résisté, en 1708, pendant plus de deux mois de tranchée ouverte, aux attaques du prince Eugène ; elle était défendue par le maréchal de Boufflers, et ne s'est rendue que par défaut de vivres. M. Daullé a fait remarquer à Leurs Majestés les ouvrages qui furent faits à cette époque, et les ouvrages exécutés depuis, et qui rendent la citadelle encore plus forte.

Le Roi a visité les établissemens qui sont à l'épreuve de la bombe, et a vu avec intérêt les projets qui doivent les compléter par une caserne et un moulin à vapeur.

Leurs Majestés sont rentrées à quatre heures au palais de la Préfecture.

Il y a eu un dîner de cent vingt couverts. Le public a été admis à circuler autour de la table ; une foule considérable a assiégé le palais.

Leurs Majestés ont honoré le théâtre de leur présence. La loge du Roi, drappée avec autant de richesse que d'élégance, était placée au milieu de la galerie, et se composait des quatre loges de face, qu'on

avait encore agrandies en faisant descendre la sépa-
ration jusqu'à la rampe de la galerie. La salle était
éclairée par un grand nombre de lustres.

A huit heures et demie environ, la Famille
royale prit place dans la loge qui lui avait été
préparée, au milieu des cris prolongés de *vive le
Roi! vive la Reine! vive le duc d'Orléans! vivent
les Princes!*

Après avoir vu jouer les *Étourdis*, que les acteurs,
entraînés sans doute par le spectacle enivrant qu'ils
avaient sous les yeux, représentèrent avec un en-
semble et une verve remarquables, Leurs Majestés
et leur Famille se retirèrent, et furent saluées à leur
départ avec les mêmes acclamations qu'à leur entrée.
Toute la soirée, une foule nombreuse a parcouru les
principales rues, et de tems en tems des groupes
traversaient la Grande-Place en chantant en chœur
nos airs patriotiques, qu'ils n'interrompaient que par
des cris de *vive le Roi!*

Plusieurs vaudevilles, à-propos et couplets de circonstance avaient été remis à la direction pour cette
solennité dramatique. Dans tous ces ouvrages, faci-
lement et spirituellement écrits, les sentimens les
plus nobles, les protestations du dévouement le plus
pur, se faisaient remarquer ; aucun d'eux cependant
n'a eu les honneurs de la représentation. Leurs Majestés, par un motif qu'il est facile de comprendre,
avaient témoigné le désir qu'il ne fût représenté aucune pièce de circonstance.

SÉJOUR A LILLE.

SECONDE REVUE.

Lille, le 13 janvier.

Aujourd'hui à onze heures, le Roi a reçu des députations de la garde nationale de Dunkerque, d'Hazebrouck, de Roubaix, de La Bassée et d'Armentières.

Vers les dix heures, tout s'est préparé pour la revue commandée, le rappel a réuni sous les armes tous les membres de la milice citoyenne. En peu d'instans, chacun s'est trouvé à son poste. Jamais réunion de la garde nationale n'a été plus complète; son chiffre, déjà considérable, s'est encore augmenté des gardes nationaux de Wazemmes, d'une compagnie magnifique d'artilleurs de la garde nationale de Dunkerque, arrivés dès la veille pour présenter leurs hommages au Roi et fraterniser avec le beau corps de canonniers, qui les a reçus comme d'excellens camarades.

Toute la division Fabre, composée des 7e, 25e, 61e et 65e de ligne, des 4e chasseurs et 5e hussards, de sept compagnies du 1er régiment du génie, de deux compagnies du 2e régiment, et de deux batteries d'artillerie, était rangée en bataille, à partir de la porte Saint-André jusqu'à la place Saint-Martin, en traversant la Grande-Place, où se trouvait réunie la garde nationale. A midi, les deux Rois et les Princes, escortés du même état-major que la veille, sont sortis du palais et ont parcouru toute la ligne aux cris constans de *vive le Roi!* cris répétés avec une nouvelle force, avec un nouvel enthousiasme par la foule qui se précipitait derrière les rangs de nos braves soldats.

Les deux Réines et les jeunes Princesses ont suivi, comme hier, dans une calèche découverte.

Après le défilé de la garde nationale, Leurs Majestés et les Princes se sont rendus au *Salon des Négocians*, dont le balcon domine la place. Elles ont été reçues par MM. les commissaires : là, confondues avec les membres du cercle, Leurs Majestés se sont entretenues des intérêts de notre cité et de notre commerce.

Chacun de ceux qui ont pu prendre part à cette conversation pourra redire toute l'affabilité de ces illustres hôtes. Une collation, servie par les officiers de la maison du Roi, a été partagée par toutes les personnes présentes.

Les commissaires du Salon ont consacré sur leurs registres le souvenir de l'auguste visite, et Leurs Majestés ont consenti à apposer leur signature au bas de ce document, qui devient, par la réunion des signatures royales, une des pages autographiques les plus intéressantes.

Après que les dispositions nécessaires pour la revue eurent été terminées, Leurs Majestés et leur brillant cortége ont traversé les rangs.

Sur les trois heures, les Reines et les Princesses sont descendues, et ont été se placer au bas de la grand'garde, pour assister à la distribution des récompenses. Là s'est renouvelé encore avec plus d'éclat la touchante cérémonie de la veille.

Le Roi a adressé aux troupes le discours suivant :

« Mes chers camarades,

» Je viens acquitter envers vous la dette de la patrie. Je vais vous donner des décorations que votre valeur et votre persévérance ont si bien gagnées ; je suis heureux d'être à cet égard l'organe de la reconnaissance nationale pour l'armée. Cette circonstance est d'autant plus solennelle que je vais commencer par vos généraux. Je regrette que le brave maréchal qui vous a si souvent conduits à la victoire ait déjà atteint tous les honneurs qu'il est en mon pouvoir d'accorder, sans quoi j'aurais éprouvé une bien grande satisfaction à ce qu'il fût le premier décoré dans ce jour solennel, et qu'il reçût de nouveaux honneurs ; au moins j'aurai celle de commencer par ses braves lieutenans, par ceux dont l'expérience et les talens ont dirigé vos travaux, qui vous ont mis à portée de dompter les élémens, et toutes les difficultés et tous les obstacles que la résistance de la citadelle avait opposés à vos progrès.

» Je jouis que ce soit dans cette grande cité, en

présence de cette immense et généreuse population, animée des mêmes sentimens et du même patriotisme que vous, au sein de ce grand boulevart de notre liberté et de notre indépendance, que vos devanciers dans la carrière ont tant de fois défendu pour la France, que vous receviez le signe de la satisfaction nationale et de la mienne. Un autre brave maréchal, dont le nom est aussi une des gloires de la France et de l'armée, va vous appeler à vous rendre auprès de moi pour recevoir la récompense de votre valeur, et de ces opérations auxquelles il n'a pas participé de sa personne, comme en tant d'autres mémorables occasions, mais qu'il a si habilement préparées par ses travaux dans le ministère.

» Arrivez, mes chers camarades ! A la tête de ceux que je vais décorer, je suis heureux de pouvoir compter mes deux fils, qui ont partagé vos travaux et vos dangers, qui ont vécu avec vous comme de bons camarades et de bons Français : dès ce jour ils commencent à porter la décoration de la Légion-d'Honneur. »

Ce discours, prononcé d'une voix forte et entraînante, a excité le plus vif enthousiasme, a été couvert d'acclamations unanimes et des cris répétés de *vive le Roi!*

MM. les généraux Haxo et Saint-Cyr Nugues ont reçu le grand-cordon de la Légion-d'Honneur, et MM. les généraux Fabre, Achard, Harlet et de Rumigny la croix de grand-officier.

Des braves, dignes de tels chefs, ont reçu, après eux, la juste récompense de leur courage.

On remarquait parmi eux le sergent du génie qui a montré tant d'ardeur et de persévérance en avant de la redoute Saint-Laurent.

L'intrépide cantinière Antoinette Moiron, qui alla retirer un sergent sous le feu de la citadelle, et dont les vêtemens et le chapeau ont été percés de balles, appelée pour recevoir la médaille d'or dont elle s'est montrée si digne, n'a pu résister à son émotion ; elle s'est évanouie au pied du drapeau de son régiment, et c'est là que le Roi est venu lui-même lui apporter la décoration qui lui était destinée.

La chute du jour n'a pas permis que les troupes défilassent ; mais Leurs Majestés et les Princes ne se sont retirés que lorsque la liste des récompenses a été épuisée. Les Reines et les Princesses, à leur retour, ont été accueillies avec transport par les troupes.

SUITE DU SÉJOUR A LILLE.

Lille, le 14 janvier.

Le Roi a passé la journée entière dans ses appartemens. Sans doute les fatigues des jours précédens, et l'émotion si naturelle au milieu des scènes de tout genre dont nous avons essayé de présenter le tableau, avaient rendu le repos nécessaire au Roi et à son auguste Famille. Cette journée n'a toutefois pas été perdue pour nous, car elle a été consacrée par Sa Majesté à l'examen de hautes questions administratives qui intéressent vivement nos contrées. Le Roi a reçu les hommages de M. le maire et de MM. les membres du conseil municipal de Tourcoing. M. le maire s'est exprimé en ces termes :

« SIRE,

» Organes de la ville de Tourcoing, nous venons vous offrir l'hommage de son respect, et vous supplier, Sire, de recevoir l'assurance de nos sentimens de fidélité et de dévouement à Votre Majesté et à votre auguste Famille.

» La vérité vous est due, Sire, et vous la désirez; ainsi ce n'est pas offenser Votre Majesté que de lui dire que notre ville industrieuse a beaucoup souffert de la stagnation du travail : pendant plusieurs mois même plus du tiers de notre population a éprouvé des privations bien sensibles.

» Toutefois, Sire, nous pouvons offrir à votre noble cœur cette douce consolation, que dans ces momens difficiles l'humanité a rempli ses devoirs, et que l'ordre y a été maintenu.

» Aujourd'hui les travaux ont retrouvé de l'activité, le commerce a repris son essor de prospérité; nous avons lieu d'espérer, Sire, que la sécurité, la vie des affaires, se ranimera de plus en plus, et que nous pourrons jouir en paix, sous le gouvernement paternel de Votre Majesté, du prix de tous les sacrifices qu'elle a faits pour le bonheur de la France.

» Telle est la pensée, tels sont les vœux et l'espoir d'une population laborieuse, amie de l'ordre, d'une sage liberté, et qui se repose avec confiance sur votre royal appui. »

Le Roi a répondu :

« Vous pouvez compter sur tous mes efforts pour vous faire jouir de tous ces avantages. Je regrette que la stagnation du commerce ait fait souffrir votre ville; c'est un mal qui a été général. Mais j'apprends avec satisfaction que de toutes parts la confiance renaît, que le commerce reprend son essor et son activité. J'espère que votre ville, si industrieuse, si importante pour la France, ressentira les effets de cet heureux état de choses. Les évènemens qui viennent de s'accomplir sous les murs d'Anvers ont à la fois consolidé la paix extérieure, et raffermi, dans l'intérieur, la tranquillité publique. Nous sommes moins exposés de jour en jour à ces tentatives de désordres qui paralysaient le commerce par les inquiétudes qu'elles répandaient, et tout semble nous promettre aujourd'hui un avenir de bonheur et de prospérité. »

Les chambres consultatives des manufactures, les conseils de prud'hommes et manufacturiers des villes de Roubaix et de Tourcoing ont ensuite été admis à présenter leurs félicitations à Sa Majesté, et l'ont entretenue des besoins de leurs industrieuses cités ; ils ont surtout appelé l'attention de Sa Majesté sur l'exécution du canal de Roubaix, et sur les intérêts commerciaux et industriels qui se rattachent à cette entreprise.

Voici la réponse du Roi aux chambres consultatives des manufactures de Roubaix et de Tourcoing :

« Je les examinerai certainement avec tout le désir de parvenir à faire ce que réclament les villes de Roubaix et de Tourcoing. Je reconnais qu'elles peuvent en retirer de grands avantages. Si je ne puis encore juger des difficultés qu'elles présentent, je chercherai du moins à les aplanir par tous les moyens qui sont en mon pouvoir. Je ne doute pas de la bonne volonté du Roi Léopold à cet égard. Dans une question comme celle-ci, il faut en faire un examen approfondi avant de parvenir à se former une opinion. Vous savez combien je voudrais contribuer à la prospérité de vos villes manufacturières. Je regrette beaucoup que le tems me manque pour aller les visiter. Vous reporterez à leurs habitans l'expression de mes vœux et de mes regrets. »

Un sapeur du génie, blessé sous Anvers, a été admis ce matin auprès du Roi, qui s'est pendant long-tems entretenu avec lui. On nous assure que, par suite d'un nouveau travail, ce militaire va recevoir la décoration.

On remarquait aujourd'hui , dans les rues de Lille, plusieurs de nos braves nouvellement décorés de la Légion-d'Honneur ; quelques-uns étaient blessés ; à leur passage ils attiraient l'attention publique, et il était facile de voir les sentimens d'estime et d'admiration qu'ils inspiraient.

Tout se prépare en ce moment pour la fête de ce soir, dont l'éclat, au dire de tout le monde, dépassera de beaucoup les fêtes données précédemment à l'Hôtel-de-Ville pour des réceptions de souverain. Le nombre des souscripteurs est considérable, et les listes n'ont été closes que lorsque la commission a reconnu l'impossibilité d'admettre un plus grand nombre de personnes.

Leurs Majestés sont entrées au bal à neuf heures.

Les quatre principaux salons de l'Hôtel-de-Ville, élégamment décorés, étaient garnis d'un triple rang de dames , dans la plus brillante parure.

- Leurs Majestés ont passé successivement dans tous les salons , devant les dames , accompagnées de M. le préfet et de M. le maire ; elles se sont arrétées dans le grand salon, où une estrade avait été disposée pour recevoir la Famille royale. Les Princesses et les Princes ont pris part aux danses.

Leurs Majestés se sont retirées à onze heures.

SUITE DU SÉJOUR A LILLE.

TROISIÈME REVUE.

Lille, le 15 janvier.

Le Roi a reçu, dans la matinée, en audience particulière, la Société royale des sciences, de l'agriculture et des arts de Lille.

A midi, Sa Majesté est sortie à cheval, accompagnée de Sa Majesté le Roi des Belges, des Princes, du maréchal ministre de la guerre, du maréchal Gérard, et suivie d'un nombreux état-major, pour passer en revue la division d'infanterie du général Achard, composée du 8ᵉ léger, des 12ᵉ, 22ᵉ et 39ᵉ de ligne, commandés par les généraux Castellane et Voirol, et d'une batterie d'artillerie ; du corps d'avant-garde, commandé par S. A. R. le duc d'Orléans, composé du 20ᵉ régiment d'infanterie légère, du 1ᵉʳ régiment de hussards, du 1ᵉʳ régiment de lanciers, et d'une batterie d'artillerie à cheval du 1ᵉʳ régiment.

Toutes ces troupes étaient rangées en bataille sur la place d'armes et dans les rues adjacentes. Leurs Majestés ont passé devant leur front, et sont ensuite venues sur la place. La Reine était dans une calèche découverte avec la Reine des Belges et les Princesses.

Avant de distribuer les récompenses aux militaires

qui avaient été rassemblés devant elle, Sa Majesté leur a adressé cette allocution :

« Mes chers camarades,

» J'éprouve toujours une sensation bien vive en venant vous distribuer les récompenses qui vous sont décernées au nom de la patrie, pour la belle conduite que l'armée a tenue sous les murs d'Anvers, pour la persévérance et la patience avec lesquelles vous avez supporté les fatigues de cette campagne mémorable. Elle n'a pas été longue, mais elle a été brillante.

» Je vais avoir la satisfaction de voir mon fils défiler au milieu de vous, à la tête des troupes qu'il a commandées ; et cette circonstance m'est d'autant plus chère qu'elle rattache de plus en plus mes deux fils à l'armée, à cette armée à laquelle je me suis toujours honoré d'appartenir, et à qui je suis toujours heureux de témoigner toute l'affection que je lui porte.

» Venez recevoir, mes chers camarades, ces croix que vous avez si bien méritées, et que je vous décerne avec tant de plaisir ! »

Après la distribution des croix, les troupes ont défilé devant Leurs Majestés aux cris de *vive le Roi!*

Cette revue, favorisée par un beau tems, avait attiré un grand concours de monde.

Leurs Majestés sont allées ensuite visiter la fabrique de cardes de MM. Scrive.

De là elles se sont rendues à l'Hôpital-Général, où elles ont été reçues par MM. les administrateurs. M. Brame, administrateur particulier de l'établissement, a eu l'honneur de complimenter le Roi.

Leurs Majestés ont parcouru les différentes salles ; partout elles ont été accueillies par les cris de *vive le Roi ? vive la Reine !*

En visitant la Crèche, la Reine a témoigné un intérêt bien touchant aux enfans qui y sont recueillis.

Leurs Majestés ont terminé cette tournée par la visite de la filature de M. Neille ; elles sont rentrées au palais à quatre heures et demie.

DÉPART DE LILLE POUR DOUAI.

Douai, le 16 janvier.

Le Roi a visité ce matin, avant le déjeuner, l'hôpital militaire de Lille.

Sa Majesté est sortie à cheval à dix heures, accompagnée des Princes, du maréchal ministre de la guerre, du maréchal Gérard, du général Corbineau, et de plusieurs officiers-généraux.

La Reine était dans une voiture avec madame Adélaïde.

Le Roi a visité cinq salles, dans lesquelles se trouvaient des militaires blessés sous Anvers.

Sa Majesté s'est arrêtée devant chaque blessé; elle les a interrogés avec intérêt sur leurs blessures. La Reine a aussi adressé à chacun d'eux des paroles de consolation.

Le Roi a fait prendre les noms de deux militaires blessés, l'un à la tranchée, l'autre à la digue de Doël, qui, par leur bravoure, ont mérité la croix de la Légion-d'Honneur.

Sa Majesté a laissé dans cet hôpital, comme dans ceux qu'elle a visités précédemment, une somme pour être distribuée à chaque militaire à sa sortie de l'hôpital.

La Reine, les Princesses et Madame Adélaïde

sont restées à Lille avec le Roi et la Reine des Belges, et doivent en partir le 18 pour rejoindre le Roi à Douai.

Le Roi, après avoir fait ses adieux à Leurs Majestés belges, est parti de Lille à deux heures.

Sa Majesté était à cheval, ainsi que les Princes ses fils.

La garde nationale et la troupe de ligne bordaient la haie depuis le palais de la préfecture jusqu'à la porte de sortie.

Toute la population était réunie sur le passage du Roi, et l'a salué par des acclamations non moins vives qu'à son entrée.

M. le maire s'est trouvé avec le corps municipal en dehors de la ville, et lui a adressé le discours suivant :

« SIRE,

» Votre séjour dans la ville de Lille a encore cimenté davantage les sentimens de confiance et d'amour que ses habitans ressentaient pour Votre Majesté. C'est avec regret qu'ils voient s'éloigner le père de la patrie, le gardien des libertés publiques et de l'indépendance nationale. Le voyage de Votre Majesté laissera dans nos cœurs de touchans et profonds souvenirs. »

Le Roi a répondu :

« Le séjour que je viens de faire dans vos murs

à encore ajouté à l'affection que je vous porte. J'ai
éprouvé une vive satisfaction en distribuant les récompenses que l'armée a si bien méritées, dans cette
grande cité, au milieu de cette belle et généreuse
population qui a servi la France avec tant de zèle
et de dévouement, et qui, dans cette circonstance,
m'a donné de nouvelles preuves d'attachement, que
j'apprécie du fond de mon cœur. »

Le Roi, après avoir recueilli de nouveaux témoignages des sentimens de la population qui l'entourait, est monté en voiture, et a continué sa route
pour Douai.

Sa Majesté a été reçue aux limites de l'arrondissement par le sous-préfet ; elle est arrivée à quatre
heures et demie à peu de distance de la ville, où
un arc de triomphe avait été élevé. M. Maloteau de
Guerne, maire de la ville, accompagné du corps
municipal et de la garde nationale, a présenté les
clefs et complimenté Sa Majesté.

Les 41e et 50e régimens de ligne étaient rangés
en bataille sur les glacis. Des détachemens de la
garde nationale et de l'artillerie bordaient la haie
dans l'intérieur de la place. Là, se trouvaient ces
braves canonniers qui viennent d'acquérir tant de
gloire au siége d'Anvers.

Le Roi est descendu chez M. le général Jacque-
minot. Sa Majesté a reçu immédiatement la cour
royale, les autorités civiles et militaires, et MM. les
officiers de la garde nationale et de la troupe de ligne.

*Discours de **M.** Deforest de Quartdeville, premier président de la cour royale.*

« SIRE ,

» Aux chants de victoire qui retentissent aujour-
d'hui dans toute la France, nous mêlons nos respec-
tueuses félicitations sur l'évènement glorieux et mémorable qui vient d'ajouter une si belle page à l'histoire des exploits de nos guerriers. Dans les rangs
de cette armée de braves, brillent avec éclat les
deux jeunes Princes qui ont combattu avec tant de
vaillance pour l'honneur et la gloire du nom français. Nous partageons, Sire, tout l'intérêt que votre
cœur paternel a dû prendre à un dévouement si hé-
roïque, à une gloire si pure. Heureux les peuples
dont le souverain se plaît à venir ainsi lui-même
s'associer à leurs triomphes, à leur joie, à leurs plus
chers intérêts! Puisse Votre Majesté jouir long-tems
des fruits heureux de la victoire, et conserver la paix,
si nécessaire au bonheur de la patrie!

» La cour royale est heureuse de présenter ses
hommages à Votre Majesté, et l'expression de ses
félicitations. »

Le Roi a répondu :

« La circonstance dans laquelle je visite la ville
de Douai est en effet bien satisfaisante pour nous :
une nouvelle victoire vient d'ajouter à la gloire que
nos armes ont recueillie dans tous les tems ; je suis

heureux que mes fils aient pu y participer. Comme vous le dites, j'ai la confiance, que nous trouverons dans ce brillant succès un nouveau gage de paix, d'une paix honorable, qui assurera à la France cette sécurité extérieure, cette force et cette considération qu'elle obtiendra toujours toutes les fois que son Gouvernement saura soutenir avec dignité les intérêts nationaux, aussi bien que remplir ses engagemens avec honneur et fidélité. C'est ainsi que nous maintiendrons en même tems dans l'intérieur ce repos et cette tranquillité qui ne peuvent exister que par le règne des lois, et que les magistrats que je vois en ce moment rassemblés devant moi pourront exercer librement leurs nobles fonctions sous la protection tutélaire d'un Gouvernement qui, franchement appuyé sur nos institutions, sera toujours assez fort pour réprimer l'anarchie et pour défendre toutes nos libertés.

» J'ai entendu avec beaucoup de satisfaction l'expression des sentimens que vous venez m'apporter, et je vous en remercie. »

Discours de M. le maire de Douai, au nom du conseil municipal.

« SIRE,

» Le conseil municipal de la ville de Douai vient vous apporter le tribut de son respect et de sa vive gratitude.

» Il sait tout ce que chaque jour vous faites pour

assurer le bonheur de la France , consolider la paix qui doit en être le garant, et pour rendre à son commerce et à son industrie la prospérité qui doit assurer le bonheur de tous. Les trop faibles ressources de la cité ne nous ont pas permis, Sire, de faire éclater par des fêtes somptueuses l'amour que nous vous portons ; mais nous avons cru célébrer selon le vœu de votre cœur la présence au milieu de nous de Votre Majesté, en distribuant des secours aux classes malheureuses, objets constans de votre royale sollicitude.

» Puisse Votre Majesté apprécier comme ils doivent l'être, les sentimens d'amour et de profonde vénération qu'elle sait si bien nous inspirer! »

Le Roi a répondu :

« Je désire que partout mon voyage ne soit l'occasion d'aucune dépense, ni pour les villes, ni pour les communes que je visite ; et que leurs revenus soient employés à d'autres objets que ceux auxquels je puis subvenir. Je le fais avec d'autant plus de plaisir que c'est pour moi une occasion de vous voir, et de recevoir l'expression de vos sentimens. Je vous ai déjà témoigné, aux portes de la ville, combien je suis heureux de me trouver dans vos murs. Je ne puis que vous répéter ce que je vous ai déjà dit à cet égard. Les souvenirs que votre ville me rappelle me sont bien chers. C'est dans ce département que j'ai commencé à servir mon pays ; et c'est encore au milieu de vous que je viens célébrer la nouvelle victoire de l'armée française. »

M. le commandant de la garde nationale de Douai, en présentant à Sa Majesté le corps des officiers, a dit :

« SIRE,

» Je suis militaire depuis 1791, j'ai combattu à Valmy et à Jemmapes. Votre Majesté, alors duc de Chartres, a pris une grande et glorieuse part à ces victoires.

» Je suis heureux de commander, dans cette circonstance, la garde nationale de Douai, de vous présenter le corps des officiers, et de vous offrir en son nom l'hommage de leur profond respect et de leur dévouement. Notre devise sera toujours celle qui est inscrite sur nos drapeaux : *Liberté, ordre public.* »

Le Roi a répondu :

« Je suis toujours charmé de revoir mes anciens camarades, ceux qui ont servi avec moi la patrie, et qui ont concouru à la défense de son indépendance. Elle était alors fortement menacée, et nos libertés étaient attaquées au dedans et au dehors. Aujourd'hui notre tâche est plus facile à remplir : nous n'avons plus à conquérir, mais à défendre ce que nous avons si glorieusement conquis. Avec votre appui et celui de la nation, nous saurons la remplir, et nous maintiendrons à la fois le règne des lois dans l'intérieur, et la dignité et l'honneur de la France à l'extérieur. C'est pour célébrer une nouvelle victoire obtenue par nos armes que je suis venu dans vos murs. Je me ressouviens avec plaisir que c'est à Douai que j'ai fait transcrire en 1792 mes premières lettres de service comme officier-général, sur les registres du département du Nord. Ces souvenirs me sont chers ; j'aime à me rappeler que la garde nationale, toujours identifiée avec notre brave armée, rivalisait avec elle de zèle et de dévouement pour la défense de la patrie. Je suis toujours charmé de vous exprimer ces sentimens, et toute l'affection que je vous porte. Mes fils les partagent cordialement ; ils seront toujours prêts, comme moi, à défendre notre pays, nos lois et nos libertés contre toutes les attaques, et à vivre avec vous comme de bons Français et de bons camarades. »

La garde nationale a répondu à ces paroles par des cris de *vive le Roi!*

Une députation de la garde nationale de la ville d'Arras est venue présenter ses hommages au Roi.

Dans la grande orangerie du jardin, qui était transformée en une brillante galerie, une table de cent vingt couverts avait été dressée. Sa Majesté a admis à l'honneur de dîner avec elle les principales autorités, et les officiers-généraux qu'elle venait de recevoir.

Après le dîner, le Roi est allé au spectacle, où les plus vives acclamations ont salué son entrée. Sa Majesté a entendu le premier acte du *Maçon*, et s'est retirée à dix heures.

SÉJOUR A DOUAI,

REVUE, DISTRIBUTION DES RÉCOMPENSES.

————

Douai, le 17 janvier.

Le Roi est sorti à onze heures, accompagné des Princes (1), du maréchal ministre de la guerre, du maréchal Gérard, et suivi d'un nombreux état-major.

Les rues qui conduisaient à la place d'armes étaient occupées par la garde nationale et les troupes qui devaient être passées en revue. Sa Majesté, après avoir parcouru le front de ces troupes, s'est arrêtée au milieu de la place pour distribuer les récompenses.

Le ban ayant été ouvert, le Roi s'est avancé vers les militaires rassemblés pour les recevoir, et leur a adressé cette allocution :

« Mes chers camarades,

» Après l'heureuse conclusion de la brillante expédition que nous venons de faire, après le siége mémorable qui a amené la reddition de la citadelle d'Anvers, c'est pour moi une dette que je viens ac-

————

(1) M. le duc d'Orléans, parti à cinq heures du matin pour Lille, afin d'embrasser encore une fois sa sœur, la Reine des Belges, était de retour.

quitter envers vous avec autant d'empressement que de satisfaction, en vous décernant les récompenses qui consacrent la reconnaissance de la patrie et la mienne pour les grands services que vous avez rendus à la France, pour votre dévouement, pour votre valeur, et votre constance à supporter les travaux et les fatigues de cette courte mais pénible campagne. Je m'adresse à vous surtout, brave artillerie, vous qui avez si bien soutenu la réputation que l'artillerie française s'est acquise dans tous les tems au milieu de notre brave armée. Je suis bien aise de commencer par vous à distribuer ces récompenses, et je me réjouis de voir devant moi un aussi grand nombre de ceux qui sont destinés à les recevoir, malgré l'absence de vos blessés, et la perte de tant de braves que je regrette de ne plus trouver dans vos rangs. »

La distribution des récompenses étant terminée, les troupes ont défilé devant Sa Majesté dans l'ordre suivant :

La garde nationale ;

L'artillerie de siége, formant plus de trois mille hommes, commandée par le lieutenant-général Neigre ;

La division du général Schramm, composée d'un bataillon du 3e régiment d'infanterie légère, des 41e et 50e régimens de ligne, de trois bataillons de grenadiers et de trois bataillons de voltigeurs, commandés par les généraux Rulhière et Durocheret ;

Deux batteries d'artillerie attachées à cette division.

On remarquait à la suite de l'artillerie de siége, quatre pièces de campagne prises sur les Hollandais.

Toutes ces troupes ont défilé devant Sa Majesté aux cris de *vive le Roi !*

Après la revue, le Roi s'est dirigé vers les remparts, pour y voir un nouveau bastion.

Sa Majesté est allée ensuite à l'Hôpital-Général, et de là elle s'est rendue à l'arsenal, qu'elle a visité dans toutes ses parties.

Le Roi est arrivé vers quatre heures à la fonderie. Sa Majesté y a été reçue par M. le général Neigre et par le colonel Dussaussoy, directeur de l'établissement.

On a coulé devant Sa Majesté six obusiers de huit pouces du nouveau modèle, et trois canons de huit de campagne. Cette opération a parfaitement réussi. Sa Majesté a parcouru ensuite les ateliers, et elle est rentrée à quatre heures et demie.

Le bal offert au Roi, à l'Hôtel-de-Ville, a été très-brillant et très-nombreux. Sa Majesté et les Princes y ont été accueillis par de vives acclamations.

DÉPART DE DOUAI. — PASSAGE A CAMBRAI, A PÉRONNE, A ROYE. — ARRIVÉE A COMPIÈGNE. — RETOUR A PARIS.

La Reine et les Princesses, parties de Lille le 18 à six heures et demie du matin, sont arrivées à neuf heures à Douai, où le Roi les attendait.

La cour royale, les autorités civiles et militaires, ont présenté immédiatement leurs hommages à la Reine, de jeunes demoiselles lui ont offert une corbeille de fleurs.

Leurs Majestés ont quitté Douai à onze heures. La garde nationale et la troupe de ligne bordaient la haie jusqu'à la sortie de la ville, où se trouvaient M. le maire et le corps municipal.

A Cambrai, la garde nationale et la troupe de ligne étaient aussi sous les armes. Leurs Majestés ont traversé la ville au pas, recueillant partout, comme à leur premier passage, des témoignages d'affection et de dévouement.

M. de Bry, sous-préfet de Péronne, a reçu Leurs Majestés aux limites de son arrondissement. Elles sont arrivées à quatre heures aux portes de Péronne, où M. Hiver, maire de la ville, a présenté les clefs et complimenté le Roi, sous un arc de triomphe autour duquel s'était réunie une nombreuse population.

Le Roi est monté à cheval, et a parcouru avec les Princes les rangs de la garde nationale.

Sa Majesté a fait ensuite le tour du corps de la place, visitant les nouveaux ouvrages en construction, destinés à compléter le système de défense.

Après cette tournée, le Roi s'est arrêté sur la place d'armes pour voir défiler la garde nationale;

Plus de quinze mille personnes, presque tous cultivateurs, occupaient tous les abords de la place. La foule était tellement serrée, et l'empressement qu'elle montrait était si grand, que la garde nationale a eu beaucoup de peine à se former pour défiler. Le Roi s'est trouvé quelque tems, sans pouvoir avancer, au milieu de cette population avide de le voir, et qui ne cessait de lui donner des marques de respect et d'attachement.

Leurs Majestés sont descendues chez M. Milleret. Une corbeille de fleurs a été offerte à la Reine par de jeunes demoiselles.

M. Harlet, député de la Somme, M. le général commandant le département, les autorités civiles et militaires, et MM. les officiers de la garde nationale, ont présenté leurs hommages à Leurs Majestés.

Le Roi a témoigné à M. le maire et à M. le commandant de la garde nationale combien il était touché de l'accueil qu'il venait de recevoir, et particulièrement des sentimens qu'avaient manifestés les habitans des campagnes qui l'avaient accompagné.

Leurs Majestés sont parties de Péronne à sept heures.

Elles sont descendues de voiture à Roye pour aller à l'Hôtel-de-Ville, où elles ont été pour ainsi dire portées par la foule. La ville était illuminée.

Dans toutes les communes que Leurs Majestés ont traversées, malgré l'heure avancée, la garde nationale était sous les armes, et la population en mouvement montrait le plus vif enthousiasme.

Leurs Majestés sont arrivées à une heure du matin au château de Compiègne.

Aujourd'hui 19, le Roi a reçu à midi les autorités de Compiègne, et MM. les officiers de la garde nationale et de la garnison.

Leurs Majestés sont parties à trois heures après midi de Compiègne ; partout sur leur route elles ont trouvé le même empressement.

La Famille royale est arrivée à huit heures et demie au palais des Tuileries.